BEI GRIN MACHT SICH IHR WISSEN BEZAHLT

AF151848

- Wir veröffentlichen Ihre Hausarbeit,
  Bachelor- und Masterarbeit

- Ihr eigenes eBook und Buch -
  weltweit in allen wichtigen Shops

- Verdienen Sie an jedem Verkauf

Jetzt bei www.GRIN.com hochladen und kostenlos publizieren

Markus Lueske

Wirtschaft und wirtschaftlicher Strukturwandel im Raum Köln und Bonn

GRIN Verlag

Bibliografische Information der Deutschen Nationalbibliothek:

Die Deutsche Bibliothek verzeichnet diese Publikation in der Deutschen National-
bibliografie; detaillierte bibliografische Daten sind im Internet über http://dnb.d-
nb.de/ abrufbar.

Dieses Werk sowie alle darin enthaltenen einzelnen Beiträge und Abbildungen
sind urheberrechtlich geschützt. Jede Verwertung, die nicht ausdrücklich vom
Urheberrechtsschutz zugelassen ist, bedarf der vorherigen Zustimmung des Verla-
ges. Das gilt insbesondere für Vervielfältigungen, Bearbeitungen, Übersetzungen,
Mikroverfilmungen, Auswertungen durch Datenbanken und für die Einspeicherung
und Verarbeitung in elektronische Systeme. Alle Rechte, auch die des auszugsweisen
Nachdrucks, der fotomechanischen Wiedergabe (einschließlich Mikrokopie) sowie
der Auswertung durch Datenbanken oder ähnliche Einrichtungen, vorbehalten.

Impressum:

Copyright © 2003 GRIN Verlag GmbH
Druck und Bindung: Books on Demand GmbH, Norderstedt Germany
ISBN: 978-3-656-52128-0

Dieses Buch bei GRIN:

http://www.grin.com/de/e-book/17976/wirtschaft-und-wirtschaftlicher-strukturwan-
del-im-raum-koeln-und-bonn

GRIN - Your knowledge has value

Der GRIN Verlag publiziert seit 1998 wissenschaftliche Arbeiten von Studenten, Hochschullehrern und anderen Akademikern als eBook und gedrucktes Buch. Die Verlagswebsite www.grin.com ist die ideale Plattform zur Veröffentlichung von Hausarbeiten, Abschlussarbeiten, wissenschaftlichen Aufsätzen, Dissertationen und Fachbüchern.

Besuchen Sie uns im Internet:

http://www.grin.com/

http://www.facebook.com/grincom

http://www.twitter.com/grin_com

Wirtschaft und wirtschaftlicher Strukturwandel im Raum Köln und Bonn

von

Markus Lueske

Universität Mannheim
Geographisches Institut
Abt. Wirtschaftsgeographie

Thematisches

E X K U R S I O N S P R O T O K O L L

Wirtschaft und wirtschaftlicher Strukturwandel im Raum Köln / Bonn

erstellt von

Markus Lüske

Inhaltsverzeichnis

1   Einleitung

Im Rahmen der dreitägigen Exkursion nach Köln/Bonn wurden zwei Themenschwerpunkte gesetzt. Zum einen wurde die Wirtschaft und der wirtschaftliche Strukturwandel innerhalb des Raumes Köln/Bonn untersucht, zum anderen wurde der unterschiedliche Verlauf der Stadtentwicklung dieser beiden Städte analysiert. Wir haben uns als Themenschwerpunkt die Wirtschaft und den wirtschaftlichen Strukturwandel des Raumes Köln/Bonn herausgegriffen. Es wird zuerst auf die Bedeutung und den Bedeutungswandel des Primären Sektors eingegangen. Hierbei werden sowohl die kulturräumlichen Voraussetzungen als auch die sozio-ökonomischen Aspekte betrachtet. Anschließend wird auf den Strukturwandel der Stadt Bonn eingegangen. Hierbei handelt es sich nicht um einen „traditionellen" Strukturwandel, vom Sekundären hin zum Tertiären Sektor, sondern die Stadt Bonn durchläuft einen ganz individuellen, durch ihre ehemalige Hauptstadtfunktion geprägten Veränderungsprozess. Der Strukturwandel, der einzigartig in der Bundesrepublik Deutschland ist, findet innerhalb des Tertiären Sektors statt. Es wird dargelegt, welche Maßnahmen und Strategien die Stadt Bonn nach dem Verlust der Hauptstadtfunktion ergreift. Dabei gilt es nicht nur die Arbeitsplatzverluste zu kompensieren, sondern es erfolgt eine komplett neue Profilbildung der Stadt Bonn. Wie diese aussieht und welchen Erfolg diese hat wird anhand ausgewählter Beispiele erläutert.

Es schließt sich eine Darstellung eines eher klassisch einzustufenden Strukturwandels des Raumes Köln an.

2   Agrarwirtschaft im Raum Köln/Bonn

Um den Primären Sektor des Exkursionsgebietes näher zu betrachten, wurde als erster Standort ein landwirtschaftliches Bewirtschaftungsgebiet der Gemarkung Alfter untersucht. Dieses Gebiet am Südrand der Kölner Bucht ist durch intensiven

Gartenlandanbau von Obst- und Gemüsekulturen geprägt. Hier werden vor allem Salat, Weißkohl, Möhren, Lauch und Rhabarber angebaut. Es finden sich sogar mediterrane Gemüsesorten wie die Salatsorte Lollo Rosso. Es fällt auf, dass es sich teilweise um einen sehr spezialisierten Gartenbau handelt; auf einigen Parzellen wird beispielsweise ausschließlich Dill angebaut. Die Anbauflächen sind außerdem sehr klein, sie weisen im Durchschnitt 2,5-7 ha aus. Bundesweit beträgt die durchschnittliche Größe einer landwirtschaftlichen Anbauflächen ca. 30 ha.

Die kleinen Flächen und die Flächenzersplitterung sind auf historische Bedingungen zurückzuführen, die geprägt sind von adeligem Großgrundbesitz und anteiliger Verpachtung.

Die Fragen, die sich uns hierbei stellten, waren, wie sich ein solch intensiver Gartenlandbau in der Nähe der Städte Köln und Bonn entwickeln konnte und warum sich diese klein parzellierten Flächen trotz des hohen Kapital- und Arbeitseinsatz halten konnten.

Da Obst und Gemüse leicht verderbliche Ware darstellen und somit eine geringe Transportfähigkeit aufweisen, müssen diese landwirtschaftlichen Produkte nach dem Modell von Thünen in Stadtnähe angebaut werden. Dieses Erklärungsmodell von geringer Transport- und Frachttragfähigkeit kann jedoch nicht mehr herangezogen werden, um den heutigen Gartenlandbau um die Städte Bonn und Köln zu erklären, da moderne Transportlogistik und geschlossene Kühlketten einen Transport über weite Strecken ermöglichen. Der landwirtschaftliche Anbau dieser Region geht auch auf langjährige Traditionen innerhalb des Gemüseanbaus zurück. Ein wichtig Rolle spielt hierbei sicherlich das tacit knowledge. Tacit knowledge ist nicht-kodifizierbares Wissen, dass über interpersonellen Austausch weitergegeben wird. Es ist anzunehmen, dass keine Arbeitskräfte von außerhalb bei der Aussaat und Ernte beteiligt sind, sondern dass überwiegend Familienmitglieder helfen.

Es ist weiterhin anzunehmen, dass die Landwirtschaft hier hauptsächlich in Form des Zuerwerbs getätigt wird. Die Nähe zur Stadt wirkt sich positiv aus, da die Bevölkerung dort Arbeitsplätze findet. Der Gartenlandbau dient als zusätzliche Erwerbsquelle. Es werden Gemüse und Früchte angepflanzt, die einen minimalen Arbeits- und Kapitalaufwand erfordern.

Einen weiteren wichtigen Punkt stellen auch die eingespielten Vermarktungskanäle dar. Der Centralmarkt in Roisdorf übernimmt hierbei eine wichtige Funktion. Der

Absatz der Produkte der Haupt-, Zu- und Nebenerwerbsbetriebe wird über den Centralmarkt erleichtert. Über diesen werden die spezialisierten Anbauprodukte wie beispielsweise Dill abgesetzt. Diese Anbaukulturen sind für den überregionalen Markt gedacht. Ebenso werden jedoch auch weiterhin Erzeugnisse für den regionalen Markt angebaut und über den Großmarkt abgesetzt.

Die gestiegene Nachfrage nach biologischem Anbau von Obst und Gemüse und die damit verbundene Direktvermarktung dürfte auch dafür sorgen, dass weiterhin intensiver Gartenlandbau betrieben wird.

Landschaftlich gesehen handelt es sich bei dem Köln/Bonner Raum um einen Gunstraum; die natürlichen Standortbedingungen haben dazu beigetragen, dass sich der Erwerbsgartenbau in diesem Gebiet ausgeprägt hat. Ein mildes Klima und nährstoffreiche Böden führen zu diesen günstigen Anbaubedingungen. Die ariden Sommermonate verhindern, dass die Nährstoffe des Bodens ausgespült werden.

Der Standort „Heimatblick" ermöglicht ein Überblick über das Exkursionsgebiet. Es können die Städte Köln und Bonn erkannt werden. Weiterhin fällt auf, dass es viele Haufendörfer, jedoch wenig Aussiedlerhöfe gibt. Dies kann wiederum als Indiz dafür gesehen werden, dass die Landwirtschaft in diesem Gebiet hauptsächlich als Zuerwerb betrieben wird.

Von diesem Standort kann die klassische Flussterrassenbildung von Haupt-, Mittel-, und Niederterrasse erkannt werden. Diese Terrassenbildung lässt sich durch den Wechsel von Kalt- und Warmzeiten erklären (Kaltzeit: Wasser ist gebunden, Aufschotterung; Warmzeit: Flüsse schneiden sich tief in die eigene Aufschotterung ein). Aufgrund der Terrassen kam es zu einer Umkehr der Verhältnisse, da sich die „alten" Bodenschichten oberhalb der „jungen" befinden. Durch Staubanwehungen der Westwinde sind die älteren Terrassen, die Hanglagen, mit Löss bedeckt. Auf der Mittelterrasse befinden sich ebenso Löss-Schichten. Auf der Niederterrasse hingegen fehlt jegliche Lössauflage. Die Haupt- und Mittelterrassen sind agrarökonomisch die fruchtbaren Böden. Wenn man jedoch den Anbau auf der Hauptterrasse betrachtet, kann man feststellen, dass hier nur Brombeeren angepflanzt werden und viele Flächen brach liegen oder verbuscht sind. Dies ist auf die Benachteiligung der Hanglage zurückzuführen. Auf diesen Flächen ist eine mechanisierte Bearbeitung des Bodens unmöglich. Intensiver landwirtschaftlicher Anbau findet sich überwiegend auf der Mittelterrasse, obwohl deren Bodenqualität geringer ist. Jedoch wird dies durch den Einsatz von Düngemitteln und der Möglichkeit der maschinellen Bearbeitung kompensiert. Durch technischen Fortschritt der Agrartechnik kommt es zu einer Umkehr der landwirtschaftlichen Gunsträumen.

3 Strukturwandel in Bonn

Durch den Bonn-Berlin-Beschluss vom Juni 1991 und dem damit verbundenen Verlust der Hauptstadtfunktion wurde der Strukturwandel in der Region Bonn ausgelöst.

Dies bedeutet, dass der größte Arbeitgeber diese Stadt zum Teil verlassen hat und dass mindestens 23.000 Arbeitsplätze des Bundes und eine hohe Zahl weiterer Arbeitsplätze auf Seiten der Botschaften, Verbände und Medien verloren gegangen sind.

Erforderlich war und ist daher eine Neuorientierung und ein Strukturwandel in Stadt und Region mit dem Ziel, diese Verluste zu kompensieren und die Entwicklung neuer Strukturen zu fördern.

Wesentliche Elemente dieses neuen Bonn sind Wissenschaft und Forschung, Telekommunikation und Informationstechnologie, Internationale Funktionen und Kultur und Tourismus.

Nach der Wahl zur (provisorischen) Bundeshauptstadt 1949 gewannen zunehmend Regierungsfunktionen an Bedeutung. Daneben ist Bonn auch Oberzentrum für die umliegende Region des Rhein-Sieg-Kreises und des nördlichen Teil des Kreises Ahrweiler (Einwohnerzahlen gerundet: Rhein-Sieg-Kreis 580.000 Einwohner, Kreis Ahrweiler 130.000 Einwohner, Bonn 310.000 Einwohner) mit einem Bevölkerungswachstum in der Region in den letzten 10 Jahren von ca. 1% pro Jahr.

180 Länder hatten in Bonn eine Landesvertretung, die sich auf 140 Botschaften verteilten, d.h. manche Botschaften vertreten mehrere Länder. Alle Botschaften sind oder werden nach Berlin gehen, es verbleiben höchstens Konsulate, Außenstellen bzw. Kanzleien. Es gab in der Stadt Bonn 1.500 Verbände, wovon ca. 500 Büros besitzen. Auch hier ist noch nicht klar, wer bleibt und wer geht. Laut einem Umfrageergebnis wollten ca. die Hälfte der Verbände bleiben.

Mit dem Akademischen Kunstmuseum am Hofgarten, dem Museum König sowie dem Deutschen Museum Bonn am Wissenschaftszentrum wird die Museumsmeile zusammen mit den folgenden drei "Schwergewichten" gebildet:
- Kunst- und Ausstellungshalle der BRD (erbaut 1992)
- Kunstmuseum Bonn (erbaut 1992)
- Haus der Geschichte (erbaut 1994)

Die Museen sind Magneten für Besucher aus ganz Deutschland und aus den Nachbarländern; über 1,5 Millionen Besucher werden jährlich gezählt. Im Sommer finden auf dem Gelände der Museumsmeile eine Reihe von Konzertveranstaltungen statt. Im Jahr 2002 werden z.b. Auftritte von Joe Cocker, Rod Stewart und Supertramp erwartet.

Die *Folgen* des Bonn-Berlin-Beschlusses:

Am 10. März 1994 beschloss der Bundestag das Gesetz zur Umsetzung des Beschlusses des Deutschen Bundestages vom 20. Juni 1991 zur Vollendung der Einheit Deutschlands (Berlin/Bonn-Gesetz). Für Bonns Zukunft sind folgende verbindliche Bestimmungen des Gesetzes wichtig:

- Sicherstellung einer dauerhaften und fairen Arbeitsteilung zwischen der Bundeshauptstadt Berlin und der Bundesstadt Bonn
- Erhaltung und Förderung politischer Funktionen in der Bundesstadt Bonn in folgenden Bereichen: Bildung und Wissenschaft, Kultur, Forschung und Technik, Telekommunikation, Umwelt und Gesundheit, Ernährung, Landwirtschaft und Forsten, Entwicklungspolitik, nationale und supranationale Einrichtungen und Verteidigung

Außerdem sollte sichergestellt werden, dass insgesamt der größte Teil der Arbeitsplätze der Bundesministerien in der Bundesstadt Bonn erhalten bleibt. Mit der Ansiedlung neuer Behörden und Einrichtungen des Bundes, die in diese Politikbereiche passen, wurde ein Teil (max. 7.000) der insgesamt etwa 23.000 wegfallenden Arbeitsplätze ausgeglichen.

Neu in Bonn angesiedelt sind:
- Bundesamt für Post und Telekommunikationswesen
- Bundesrechnungshof
- Bundesaufsicht für das Kreditwesen
- Bundesinstitut für Arzneimittel und Medizinprodukte
- Deutsche Stiftung für internationale Entwicklung (DSE)
- Deutscher Entwicklungsdienst (DED)
- Deutsches Institut für Entwicklungspolitik
- Deutsches Institut für Erwachsenenbildung
- Bundeskartellamt

Sechs Ministerien sollen ihren Hauptsitz in Bonn behalten. Diese Häuser richten entsprechend dem Gesetz einen zweiten Dienstsitz in Berlin ein:
- Post und Telekommunikation (heute: Regulierungsbehörde)
- Bildung und Forschung

- Umwelt, Naturschutz und Reaktorsicherheit
- Gesundheit
- Verbraucherschutz, Ernährung und Landwirtschaft
- Wirtschaftliche Zusammenarbeit und Entwicklung
- Verteidigung

Der Bundespräsident, der Bundeskanzler sowie die nach Berlin umgezogenen Ministerien behalten einen zweiten Dienstsitz in Bonn. Damit wurde sichergestellt, dass bisher etwa die Hälfte der Arbeitsplätze der Bundesministerien in Bonn erhalten bleiben.

Im Jahr 1994 wurde eine Vereinbarung über die Ausgleichsmaßnahmen für die Region Bonn in Höhe von 2,8 Mrd. DM beschlossen. Diese Vereinbarung umfasst die Bereiche Wissenschaft, Wirtschaft, Verkehrsinfrastruktur und Liegenschaften.

Wissenschaft: Auf- und Ausbau wissenschaftlicher Einrichtungen, z.B. CAESAR, FH Bonn-Rhein-Sieg in Sankt Augustin und Rheinbach, FH für Tourismus-, Hotel- und Luftverkehrsmanagement in Bad Honnef, FH RheinAhrCampus Remagen, ZEI und ZEF, Ausbau des Wissenschaftszentrums.

CAESAR: Herausragender Baustein des künftigen Wissenschaftsraumes Bonn ist das Projekt CAESAR (Center of Advanced European Studies and Research). In dieser für die deutsche Forschungslandschaft neuartigen Einrichtung sollen international renommierte Wissenschaftler aus dem In- und Ausland die Gelegenheit erhalten, auf Zeit interdisziplinär in hoch innovativen Themenbereichen zu forschen, wie z.b. Nanotechnologie, Materialwissenschaften, Kopplung biologischer und elektronischer Systeme und Medizintechnik.

CAESAR wurde am 11. Juli 1995 als selbstandige Forschungsstiftung gegründet, die nicht den Zwängen des öffentlichen Dienst- und Haushaltsrechts unterliegt. Sie kooperiert inhaltlich eng mit der Universität Bonn aber auch mit den benachbarten Hochschulen in Köln und Aachen sowie den außeruniversitären Forschungs- einrichtungen der Region.

Die Stiftung hat zwischenzeitlich ihre Arbeit in einem Provisorium in der Innenstadt aufgenommen. Der endgültige Standort in der Rheinaue ist gerade im Bau. Es ist geplant, das Gebäude für CAESAR, in dem etwa 400 Mitarbeiter tätig sein werden, bis Ende 2003 fertigzustellen.

Wissenschaftszentrum Bonn-Bad Godesberg: das Wissenschaftszentrum ist eine Dienstleistungseinrichtung des Stifterverbandes für die Deutsche Wissenschaft. Seine Mitglieder sind Wirtschaftsunternehmen, Wirtschaftsverbände und

Einzelpersonen. Das Wissenschaftszentrum dient der Förderung der Wissenschaft und der Wissenschaftsverwaltung. Dort ansässig sind u.a. die Alexander-von-Humboldt-Stiftung, der Deutsche Akademische Austauschdienst (DAAD), die Deutsche Forschungsgemeinschaft (DFG), das Deutsche Museum Bonn und die Helmholtz-Gemeinschaft Deutscher Forschungszentren.

Jährlich finden hier mehr als 800 Veranstaltungen mit über 60.000 Teilnehmern statt. Im Rahmen der Ausgleichsmaßnahmen ist ein weiterer Ausbau des Wissenschaftszentrums erfolgt.

Fachhochschule Bonn-Rhein-Sieg: die Fachhochschule wurde zum 1. Januar 1995 durch das Land Nordrhein-Westfalen mit Sitzen in Sankt Augustin und in Rheinbach errichtet. Sie soll sowohl die Ausbildungsmöglichkeiten der Region in bisher nicht besetzten Feldern komplettieren als auch einen Beitrag zur strukturellen Weiterentwicklung des Wirtschaftsraumes leisten. Dazu wurden 2.500 neue Studienplätze eingerichtet, fast 110 Professorenstellen und 120 Stellen für wissenschaftliches und Verwaltungs-Personal geschaffen.

Wesentliche Kriterien für die Festlegung des Fächerspektrums ergaben sich aus der Wirtschaftsstruktur der Region, ihren Entwicklungszielen, dem Bedarf der Unternehmen und den Arbeitsmarktchancen der Absolventen.

In Sankt Augustin: Wirtschaft, Angewandte Informatik und Kommunikationstechnik, Elektrotechnik, Maschinenbau und Technikjournalismus.

In Rheinbach: Chemie und Werkstofftechnik, Wirtschaft und Angewandte Biologie.

FH RheinAhrCampus in Remagen: vier Studiengänge werden angeboten: Gesundheits- und Sozialwirtschaft (einschließlich ein die Berufsausbildung integrierendes Studienangebot im Bereich Sport), Technische Betriebswirtschaft (exemplarische Vertiefungsgebiete: Verkehr/Logistik, Umwelt), Angewandte Mathematik (Schwerpunkte: Wirtschaft, Medizin), Physikalische Technik (Schwerpunkte: Medizintechnik, Lasertechnik).

Internationale FH Bad Honnef: Dort laufen drei Studiengänge, die ausschließlich in englischer Sprache angeboten werden: Tourismusmanagement, Hotelmanagement, Luftverkehrsmanagement. Des weiteren werden die Fremdsprachen Französisch, Italienisch, Spanisch und Chinesisch angeboten.

Zwei neue Forschungseinrichtungen wurden im Verlauf des Strukturwandels an der Universität Bonn aufgebaut:
- das *Zentrum für Europäische Integrationsforschung* (ZEI)
- das *Nord-Süd-Zentrum für Entwicklungsforschung* (ZEF)

Hierfür wurden insgesamt 120 Millionen DM aus dem Ausgleich bereitgestellt. Beide Einrichtungen zusammen bilden das Internationale Wissenschaftsforum Bonn.

Das ZEI befasst sich als fach- und fakultätsübergreifendes Institut der Universität Bonn schwerpunktmäßig mit Fragen der europäischen Integration in den Bereichen Recht, Wirtschaft, Gesellschaft und Kultur. Es erarbeitet Konzepte, Hypothesen und Modelle für konkrete Problem der europäischen Einigung und sieht sich im Schnittstellenbereich von Forschung, Lehre und Praxis angesiedelt.

Das ZEF bildet einen wesentlichen Baustein des in Bonn geplanten Zentrums für Entwicklungspolitik. Aus diesem Grund beteiligt sich das BMZ auch mit zusätzlichen 10. Mio. DM an dem ZEF. Auch das ZEF ist fach- und fakultätsübergreifend. Es untersucht Problemfelder wissenschaftlicher und kultureller Entwicklungs-Ungleichheiten im regionalen und globalen Kontext. Es beteiligt sich zugleich an der Lösung konkreter Entwicklungsprobleme und dient der Beratung von Politik und Praxis.

Förderung der **Wirtschaft** durch: Investitionshilfen, Gründung der Tourismus- und Kongress GmbH, Marketingmaßnahmen.

Bedeutende Unternehmen vor Ort sind:

Deutsche Telekom AG: Eines der größten jemals in Bonn verwirklichten gewerblichen Neubauprojekte ist der Komplex der Zentrale der Telekom mit 48.000 m² Bürofläche zwischen der B9 und der Bundesbahn in der Nachbarschaft des Landesbehördenhauses. Das gewaltige Objekt, das über 2.000 Arbeitsplätze aufnimmt, wurde 1995 bezogen. Neben den Büroräumen entstand ein Saal mit 800 Plätzen für Tagungsmöglichkeiten. Die Telekom gehört zu den größten Arbeitgebern in der Bundesrepublik Deutschland. Der Konzern operiert mittlerweile weltweit und hat insgesamt 200.000 Mitarbeiter. Dass Bonn Sitz dieses Unternehmens wurde, ist für die Stadt von immenser Bedeutung.

Da die Telekom mit den Büroräumen in dem Hauptbau nicht auskommt, wurden von ihr entlang der B9 verschiedene andere Büroräumlichkeiten angemietet. Die Telekom hat das ehem. CDU-Gebäude sowie das Gelände der benachbarten britischen Botschaft erworben, um somit in direkter Nähe zur Konzernzentrale die bis dato "verstreuten" Büros zu konzentrieren.

Insgesamt beschäftigt die Telekom heute in Bonn 10.000 Mitarbeiter.

DETECON: Im High-Tech-Standort an der Oberkasseler Straße im rechtsrheinischen Brückenkopf zog die Deutsche Telepost Consulting (DETECON) ein. Auf dem ca. 24.000 m² großen Areal in der Nachbarschaft eines Teils der DLR (Deutsches Zentrum für Luft- und Raumfahrt) ist Platz für 660 Mitarbeiter.

Die DETECON ist ein weltweit tätiges Beratungsunternehmen der Telekommunikations- und Informationsbranche. Von hier werden mehr als 100 nationale und internationale Projekte in über 40 Ländern gesteuert und koordiniert. Im neuen Verwaltungsgebäude des Unternehmens sind rd. 370 Mitarbeiter beschäftigt. Insgesamt beschäftigt die DETECON weltweit über 1.000 Menschen.

Die 30%ige Telekom-Tochter DETECON, an der auch die Deutsche und Dresdner Bank sowie die Bau- und Handelsbank maßgeblichen Anteile halten, plant, realisiert und betreibt öffentliche und private Telekommunikationsnetze im Ausland, berät Dritte in allen fernmelde-, aber auch post- und postbanktechnischen Fragen, betreibt Forschung, Entwicklung, Betriebsorganisation, Personalqualifizierung und Management-Training.

T-Mobile: Die T-Mobile ist neben der Telekom und der DETECON die dritte große Säule im Telekommunikationsbereich in Bonn. Sie ließ am Standort Landgrabenweg in Beuel einen Neubau errichten. In dem 45.000 m² großen Gebäude wurden 1.300 Mitarbeiter untergebracht. Die T-Mobile als GmbH aus der DETECON ausgegliedert, baut das Mobilfunk-System der Telekom auf und gehört zu den Branchenriesen in Europa. Unmittelbar benachbart entsteht derzeit der Erweiterungsbau, der die Dimension des bisherigen Gebäudes noch übertrifft und dem Containerprovisorium auf dem ehem. Zementwerkgelände ein Ende setzen wird.

Deutsche Post AG: Der neue Post-Tower, etwa 170 m hoch, befindet sich im Bau und wird die künftige Zentrale der Deutschen Post AG, heute eines der weltgrößten Logistikunternehmen der Welt darstellen. Im Hochhaus werden ca. 2.700 Arbeitsplätze eingerichtet, etwa die Hälfte des Personals der Zentrale wird hier arbeiten. Neubaupläne für die andere Hälfte der Mitarbeiter gibt es für ein Gelände an der B9 neben der Kunst- und Ausstellungshalle des Bundes.

Maritim Kongresszentrum: Insgesamt 16 Tagungs- und Veranstaltungsräumlichkeiten in einer Größenordnung zwischen 55 und 2.550 m² stehen für die Durchführung von Kongressen, Tagungen und Produktpräsentationen und Fernsehshows zur Auswahl. Im größten Saal (2.550 m²) finden 2.800 Personen Platz. 412 Einzel- bzw. Doppelzimmer sowie 43 Suiten stehen den Gästen zur Verfügung. Das Maritim verfügt über eine optimale Verkehrsanbindung, sowohl hinsichtlich seiner PKW-Erreichbarkeit als auch hinsichtlich seiner Nähe zum öffentlichen Fern- und Nahverkehrssystems.

Verkehrsinfrastruktur: Bau der ICE-Strecke Köln-Frankfurt und eines S-Bahnanschlusses des Flughafens an die neue Strecke, Errichtung eines ICE-Bahnhofs in Siegburg.

Liegenschaften: Bereitstellung von Liegenschaften, z.b.:

Bundeshaus mit Plenarsaal: Zwei Verfassungsorgane - Bundestag und Bundesrat - hatten in dem Gebäude ihren Sitz. Der älteste Teil des Hauses wurde 1933 als Pädagogische Akademie im Bauhaus-Stil errichtet. 1988 fiel der Startschuss zum Neubau. Die Mitglieder des Bundestages traten zwischenzeitlich in dem renovierten ehemaligen Wasserwerk zu ihren Sitzungen zusammen. An der Stelle des alten Parlaments ist nach Plänen der Architektengruppe Behnisch und Partner ein neuer Plenarsaal für die 672 Abgeordneten des Deutschen Bundestages entstanden. Es bestehen z. Zt. Pläne des Bundes, des Landes und der Stadt, den Komplex als gehobenes Kongresszentrum zu nutzen.

Schürmann-Bau: 1989 wurde der Bau des Bürogebäudes des Deutschen Bundestages an der Kurt-Schumacher-Straße nach den Plänen des Kölner Architekten Professor Joachim Schürmann begonnen. Fertig werden sollte der Komplex (51.000 m² Hauptnutzfläche) bereits 1996.

Der Haushaltsausschuss und der Ältestenrat legten 1993 fest, dass der Deutsche Bundestag den Schürmann-Bau nicht mehr selbst nutzen wird. Wenig später richtete das Weihnachtshochwasser am Rohbau des Komplexes erhebliche Schäden an.

Am 11. Oktober 1995 hat das Bundeskabinett entschieden, dass die Deutsche Welle mit rd. 1.600 Mitarbeitern, derzeit noch in Köln, in den Neubau, der nach Vorstellungen des Senders neu konzipiert wird, einziehen soll. Die Aufnahme des Sendebetriebs soll zur Jahreswende 2002/2003 geschehen.

Die Deutsche Welle soll das Ausland über das politische, kulturelle und wirtschaftliche Leben in Deutschland informieren. DW Radio sendet in 39 Sprachen, DW TV in deutsch, englisch und spanisch. Der Hörfunk unterhält 41 Sender in aller Welt, das Tagesprogramm umfasst 86 Stunden mit 130 Nachrichtensendungen und vielen Magazinen; 606 Programmstunden wöchentlich sendet die DW.

Abgeordnetenhochhaus: "Langer Eugen" genannt (nach dem ehemaligen Bundestagspräsidenten Eugen Gerstenmaier, zu dessen Amtszeit das Gebäude errichtet wurde); das 114 Meter hohe Gebäude ist 1966-69 nach Plänen von Egon Eiermann entstanden. Rund 300 Abgeordnete und etwa 550 weitere Mitarbeiter arbeiteten in den 30 Etagen. Nach der Sanierung soll es Sitz einiger UN-Organisationen und einen Teil des sog. UN-Campus werden.

Amerikanisches Viertel: Kaum ein anderes Ereignis war für die Nachkriegsentwicklung Bad Godesbergs von so großer Bedeutung wie der erste Spatenstich für die US-amerikanische Siedlung in Plittersdorf 1951. Die Erbauung dieser Siedlung war seinerzeit das größte Bauvorhaben in Europa, ein Projekt, bei dem mehr als 6.000 Arbeiter beschäftigt waren. Von allen amerikanischen Baumaßnahmen in Deutschland, war "Klein-Amerika" das größte. In Plittersdorf entstand eine komplette US-amerikanische Kleinstadt mit Kirche, Theater, Heizkraftwerk, einem Einkaufscenter, Schule, Recreation Center (Turn- und Schwimmhalle, Baseball- und Tennisfelder, Clubhaus) und einem für damalige Verhältnisse großzügigen Straßensystem. Im Jahr 2001 wurden die Wohnungen in Plittersdorf von einer Bonner Wohnungsbaugesellschaft gekauft. Zur Zeit wird das Viertel umgebaut.

Die Vereinten Nationen verlegen folgende Einrichtungen nach Bonn:
United Nations Volunteers: Rund 2.000 freiwillige Entwicklungshelfer werden jährlich von den VN in 120 Staaten der "dritten" Welt entsandt.
Sekretariat der Klimarahmenkonvention: Rund 70 Mitarbeiter des Sekretariats haben die Aufgabe, die jährlichen Konferenzen der Vertragsstaaten vorzubereiten und die Umsetzung der Beschlüsse der Konvention zu überwachen.
Die Bedeutung der UNO-Ansiedlungen liegt zum einen in der Stärkung der künftigen internationalen Funktion von Bonn, zum anderen in dem erheblichen Tagungsgeschäft, das mit den Einrichtungen an ihrem Hauptsitz verbunden ist.

4   Wirtschaftsstrukturen im Raum Köln

Die Industrialisierung des 19. Jahrhunderts brachte die Innovationen von Westeuropa ausgehend in den Westen Deutschlands und damit auch in den Kölner Raum. Für die Region war dies das Ende des „Dornröschen-Schlafs" des Mittelalters und es entwickelte sich besonders im letzten Jahrhundert ein fast geschlossener Chemie-Gürtel um die Stadt.
Sektoral betrachtet sind heute für den Sekundären Sektor zwei Industriezweige von besonderer Bedeutung: die bereits erwähnte Chemieindustrie und die Automobilindustrie. Der Tertiäre Sektor ist geprägt von den mehr als 60 Versicherungsgesellschaften, die in Köln ihren Sitz haben.Der Quartäre Sektor wird von der Medienwirtschaft bestimmt, die in Köln seit den 1950er Jahren mit dem Westdeutschen Rundfunk vertreten ist.
Aber auch der Kölner Raum hat mit den Problemen des Strukturwandels zu kämpfen; es kommt zu großen Verschiebungen zwischen den Sektoren. Waren 1970 noch 34% im Sekundären Sektor beschäftigt, so sind es heute nur noch 18%. Umgekehrt nahm die Zahl der Beschäftigten im Tertiären Sektor von 34% auf 75% im gleichen

Zeitraum zu. Eine Arbeitslosenquote von 12% zeigt allerdings, dass der Strukturwandel vom Sekundären zum Tertiären Sektor nicht alle Arbeitsplätze auffangen kann. Erschwerend kommt noch hinzu, dass Köln für Arbeitslose ein attraktiver Zuzugsraum ist mit entsprechenden Konsequenzen für die Stadt (z.B. Sozialhilfeproblematik).

Im Raum Köln werden 25% der Chemieumsätze der Bundesrepublik Deutschland erzielt und ein Drittel der Industrieumsätze dieser Region. Raffinerien und Grundstoffindustrien im Süden, Pharma- und Life-Science-Produktion im Norden bestimmen das Bild des Chemiegürtels. Als Gründe für die Ansiedlung an diesen Standorten sind zu nennen:
- Schwerguttransport auf dem Rhein ist möglich
- Braunkohle kann zur Stromerzeugung genutzt werden
- es stehen große, ebene Flächen für Großkonzerne zur Verfügung
- der Raum profitiert von der Verkehrsgunst im Bahnnetz
- „Cluster-Dynamik" und Netzwerkeffekte wirken sich positiv aus

Am Beispiel des Chemieparks Knapsack ist der Wandel innerhalb dieser Branche erkennbar: Zu Beginn des letzten Jahrhunderts ließen sich erste Chemie-unternehmen an diesem Standort nieder, die später als Hoechst AG Produkte der Chlorchemie herstellten. Nach dem Boom in den 1960er/70er Jahren zog sich Hoechst zurück und beschränkte sich auf seine Kernkompetenzen. Dabei kam es zur Verschlankung der Produktion durch Externalisierung (Outsourcing) und es bildeten sich kleinere Chemieunternehmen, die in einem Netzwerk agieren. Bei der Gründung des Chemieparks im Jahr 1996 wurde die Betreiber-Gesellschaft „Infraserv" ins Leben gerufen, die Peripheriegeschäfte wie zentrales Management, Abwasser- und Abfallbeseitigung und Unfallmanagement anbietet. Dennoch kam es zu Arbeitsplatzverlusten; heute arbeiten nur noch 3.500 Menschen auf diesem großen Gelände, von denen allein 900 Arbeitsplätze der Betreibergesellschaft zuzurechnen sind. Einen ähnlichen Aderlass hat die Bayer AG in Leverkusen zu verzeichnen: Während der Konzern global wächst und heute mehr als 120.000 Menschen beschäftigt, schrumpft die Produktion am Standort Leverkusen; von ehemals 35.000 Arbeitsplätzen fiel ein Drittel der Globalisierung zum Opfer.

5   Köln als Medienstadt

Um den Arbeitsplatzverlust im Sekundären Sektor abzufedern, entwickelten die Stadt Köln und das Land Nordrhein-Westfalen Konzepte zum Ausbau der Medienwirtschaft in der Domstadt. Schon in den 1950er/60er Jahren waren in Köln öffentlich-rechtliche

Anstalten wie der Westdeutsche Rundfunk, die Deutsche Welle und der Deutschlandfunk vertreten. Der WDR als größte ARD-Anstalt und die redaktionell anspruchsvollen Radioprogramme der Deutschen Welle und des DLF stellen heute ungefähr 5.000 Arbeitsplätze zur Verfügung. Insgesamt schätzt man die Zahl der Beschäftigten im audio-visuellen Bereich auf ungefähr 50.000.

In den 1980er Jahren war die Medienwirtschaft durch das Auftreten privater Unternehmen geprägt und man versuchte durch Bereitstellung von entsprechender Infrastruktur große Sender wie RTL an den Standort Köln zu holen. Die Stadt plante auf dem Gelände des ehemaligen Güterbahnhofs den Kölner Media Park, der außerhalb des inneren Rings, aber noch relativ zentrumsnah gebaut wurde. Man hoffte, dass aufgrund der Stadtnähe und des kreativen Umfeldes die Nachfrage nach Studioeinrichtungen durch die privaten TV-Anstalten vorhanden sein würde. Aber leider ging dieses Konzept nicht auf, denn die großen Sender errichteten ihre Produktionsstätten und Verwaltungen im suburbanen Raum (Hürth, Ossendorf), um die hohen Mietkosten des zentrumsnahen Standortes zu vermeiden. Lediglich kleinere Sender wie VIVA, 1Live und Onyx haben sich Ende der 1990er Jahre im Media Park niedergelassen. Vergleicht man die Beschäftigtenzahlen der Sender miteinander, so fällt auf, dass die privaten Unternehmen relativ wenig Arbeitsplätze zur Verfügung stellen. Das liegt zum Teil daran, dass sie Produktionen ausgelagert haben und diese von selbstständigen Produktionsgesellschaften wie Brainpool und Magic Media Company erstellt werden. Die Qualität der Massenware ist allerdings ausgesprochen niedrig, sodass die Stadt Köln in Bezug auf ihr Image als Medienstadt gegenüber München, Hamburg und Berlin verliert. Allerdings wächst der Markt für Low-Budget-Produktionen nicht mehr, sodass das Land Nordrhein-Westfalen und die Stadt Köln mit staatlich subventionierten Produktionsstätten im suburbanen Raum einen weiteren Versuch unternehmen, Arbeitsplätze im Bereich der höherwertigen Produktionen zu generieren.

Die Studiostadt „Coloneum" wurde auf Kölner Gemarkung in Ossendorf als größter europäischer Studiostandort geplant und ist bereits in der ersten Stufe fertig gestellt. Nach Abschluss der zweiten Baustufe werden Studios von 200 bis 4500 m² angeboten; hinzu kommen eine zentrale Studioverwaltung und ein Einkaufszentrum, das an diesem Standort als notwendig erachtet wird, da es keinen Siedlungsanschluss mit Versorgungseinrichtungen gibt. Um den innerstädtischen Einzelhandel nicht zu gefährden, wurden für dieses Einkaufszentrum statt der 16.000 m² nur 5.000 m² Fläche genehmigt.

Auch bei diesem Prestigeobjekt scheint es, als ob die Erwartungen nicht erfüllt würden, da der Markt stagniert und jetzt schon absehbar ist, dass man zuviele Studioflächen erstellt hat. In Hinblick auf den Strukturwandel im Kölner Raum zeichnet sich ab, dass das Potential der Medienwirtschaft nicht ausreicht, um die Arbeitsplätze in der Chemieindustrie (80.000) zu ersetzen. Hinzu kommt, dass die Qualifikation der Arbeitslosen dieser Branche nicht unbedingt gefragt ist für die speziellen Tätigkeiten im Mediensektor. So bleibt die Arbeitslosigkeit hoch (ca. 12%) und die weitere Umsetzung des Plans von der Medienstadt Köln könnte zur nächsten Monostruktur führen.